L. O. F.

€ONGRÈS

ORNITHOLOGIQUE INTERNATIONAL

d'Aix-en-Provence

NOVEMBRE 1897

Actes, Délibérations, Résolutions et Vœux

AIX

IMPRIMERIE J. NICOT, RUE DU LOUVRE, 16

1898

Préliminaires et Organisation

A la date du 1er juillet 1897, le bureau de la Ligue Ornithophile Française, agissant au nom de tous les membres de cette association, a confié à M. Louis-Adrien Levat, président-fondateur, la mission d'organiser un congrès ornithologique international en vue de la protection générale des oiseaux utiles à l'agriculture ; ce congrès devant avoir lieu en la ville d'Aix, siège de la L. O. F. La date de ce congrès d'abord fixée au 20 octobre 1897 fut reculée au 9 novembre suivant pour faciliter les nombreuses démarches à faire et déterminer la présence d'ornithologistes éminents, lesquels avaient déclaré par lettres ne pouvoir se rendre à Aix à la date initiale.

En vue de l'accomplissement de ce mandat, M. Levat fit un premier voyage à Paris, où il demanda et obtint le concours de M. Albert Uhrich, président de la S. P. A. lequel mit gracieusement à sa disposition le local de la rue de Grenelle pour une conférence préparatoire qui sut réunir un auditoire d'élite.

Des démarches furent faites immédiatement auprès du ministère de l'Agriculture en France, de toutes les chancelleries européennes, des directeurs des grands journaux de Paris et des départements et des principaux organes de la presse internationale.

Un succès inespéré répondit à ces premières tentatives : le ministère de l'Agriculture, pressenti par M. Levat, accorda son consentement et n'a pas cessé un seul instant de prêter son appui moral et effectif à l'entreprise de la L. O. F. Par l'organe de leurs chancelleries, toutes les puissances étrangères ont accueilli favorablement les démarches faites, et si l'État du Portugal a seul désigné un délégué officiel, tous les autres États sans distinction — à l'exemple du gouvernement Français — se sont ralliés à l'idée ornithophile, tous réclamant l'envoi ultérieur du cahier des actes du Congrès, même la plupart faisant parvenir sur la demande de M. Levat ou du secrétaire général de la L. O. F. et au bureau de ladite association les principaux textes de loi réglementant chez eux la chasse des oiseaux insectivores ainsi que leur mise en vente et leur colportage : tels l'Angleterre, la Belgique, l'Italie, la Suède et la Norwège, le Danemark, l'Autriche, la Hollande.

De plus, tous les journaux français et étrangers furent unanimes — en des articles parvenus au bureau de la L. O. F. par l'intermédiaire du *Courrier de la Presse*, 21, boulevard Montmartre, Paris — à reconnaître l'utilité indiscutable du Congrès projeté et à solliciter les adhésions.

Celles-ci ne se firent pas attendre. A son deuxième voyage à Paris, suivant de près un voyage en Suisse, en Belgique et en Hollande, M. Levat obtenait l'adhésion formelle du Comité Ornithologique International présidé par le docteur Oustalet de Paris, professeur au Muséum, celle de la Société Nationale d'Acclimatation de France, dans la personne du baron de Guerne, secrétaire général, celles enfin de la Société Nationale d'Horticulture, grâce à l'intervention de M. Uhrich, l'infatigable et dévoué président de la S. P. A. et de la Société des Agriculteurs de France, par l'intermédiaire de l'éminent secrétaire de section M. Albert-Duval, l'inoubliable conférencier venu lui-même en janvier 1895, à Aix, pour y plaider la même cause sous les auspices de la L. O. F.

Dès lors le Congrès O. I. d'Aix était irrévocablement décidé en principe et la suite nous apprendra que par l'effort collectif de tous ses membres, sans exception, d'inespérés résultats ont couronné l'entreprise de la L. O. F. Société Protectrice des Oiseaux, fondée à Aix, le 20 octobre 1892, où elle siège encore au grand hôtel Sextius, subventionnée pour la troisième fois par le Ministère de l'Agriculture en vue de concours institués pour la défense de l'idée ornithophile et ayant jusqu'à ce jour pleinement réussi.

Lettres, Brochures, Mémoires, Pièces à l'appui

I — LETTRES

Cent soixante et treize lettres sont parvenues au bureau provisoire du Congrès :

Du Ministère de l'Agriculture désignant M. Paul Carrière, conservateur des Forêts, pour le représenter au Congrès d'Aix ;

De M. le Préfet des Bouches-du-Rhône nommant comme délégué M. de Laroque, professeur départemental d'agriculture ;

De Mᵉ Méritan, avocat à Apt, réclamant l'interdiction de la chasse au poste ;

Trois lettres de Ouida relatant le carnage des oiseaux en Italie ;

Diverses de M. Albert Duval, adhérent et délégué, avec pièces à l'appui : 1º par la Société des Agriculteurs de France ; 2º par la Société des Amis des Arbres ; 3º par la Société Centrale des Chasseurs pour la répression du braconnage ;

De la *Selborne Society-London*. W. 20 Hanover Square, déléguant Mʳˢ Lemon ;

Du Ministère de l'Agriculture et des Domaines à Saint-Pétersbourg, annonçant l'envoi de documents sur les lois de la chasse en Russie ;

De M. Claude Brun, directeur du *Réveil Agricole*, s'excusant de ne pouvoir assister à toutes les séances ;

Du baron Jules de Guerne, secrétaire général de la Société Nationale d'Acclimatation de France annonçant l'envoi d'un travail de M. Jules Clarté, de Baccarat (Meurthe-et-Moselle), concernant la protection accordée par l'enfance aux petits oiseaux ;

De M. Xavier Raspail, à Gouvieux (Oise) s'excusant de ne pouvoir venir au Congrès par raison de santé et annonçant l'envoi de plusieurs vœux soumis à la commission ;

De M. le Sénateur Desmons, adhérent au Congrès et s'excusant de ne pouvoir y assister ;

De la *Deutsch Verein Zum Schültz Der Vogelwelt*, demandant l'envoi de la brochure du Congrès ;

De M. de Moncove s'excusant, communiquée par M. Uhrich ;

De la S. P. A. d'où nous extrayons le passage suivant : « Le conseil délègue à ce congrès son président M. Uhrich, avec mission de le représenter, de prendre part à tous les travaux et de défendre les doctrines que la société a formulées depuis sa fondation ;

De la S. P. A. déléguant M. Lamquet son secrétaire perpétuel comme représentant envoyé par elle et à ce titre devant y avoir voix délibérative. Signé : Uhrich, président de la S. P. A. ;

Diverses du docteur Ohlsen annonçant ses travaux et ses délégations ;

Une lettre de félicitations du président de la Société Protectrice des Oiseaux de Göteborg (Norwège). Signée : Mauritz Rubenson, président, et contresignée, Gardeu, secrétaire ;

De M. Ernest Bergman, adhérent au Congrès et annonçant sa délégation : 1° de la Société Nationale d'Horticulture de France ; 2° de la Société Impériale Russe d'Horticulture ;

Diverses de Mme Lemon, adhérent, indiquant sa conférence avec projections lumineuses et sa délégation de la *Selborne Society* et de la *Society for the Protection of birds* ;

Diverses de M. Uhrich témoignant du zèle et du dévouement du président de la S. P. A. pour la sauvegarde des oiseaux utiles ;

Diverses de la *Società Torinese Protettrice degli Animali* annonçant délégation Ohlsen et un mémoire inscrit au rôle du Congrès ;

Du docteur Louis Perrier, adhérent, président de la Société de Médecine du Gard ;

De la comtesse Dorothée de Brüll (Trieste) adhérente et s'excusant ;

Du président de la Société Impériale Russe d'Horticulture, major général attaché à la suite de Sa Majesté le Tsar, annonçant délégation Bergman ;

Une carte-postale du président *della Società Economica* de Salerne déléguant le docteur Ohlsen ;

Diverses du consulat général de Suède et Norwège à Marseille, faisant prévoir l'envoi d'un extrait de la loi Suédoise sur la chasse ;

Une lettre de Monseigneur l'Archevêque d'Aix retenu à Lyon et s'excusant de ne pouvoir assister à la séance d'ouverture ;

Du président de la Société *dei Crucciatori*, de Rome, déléguant le docteur Ohlsen ;

De M. André Godard, à Tigné (Maine-et-Loire) adhérent et adressant des articles de journaux et un mémoire manuscrit en vue de l'idée ornithophile ;

Diverses du baron Léonce Destremx, de Saint-Christol, auteur d'un opuscule inscrit au rôle, rubriqué : Utilité des Oiseaux pour l'Agriculture ;

Du président de la *Tyroler-Jagd-Vogeschulhtze-Verein* chargeant le docteur Ohlsen de la représenter ;

Légitimation de la délégation Olhsen par le président de la *Wiener-Thierschultze-Verein* ;

De Monsieur le Directeur de l'*Agriculture* remerciant de l'envoi de deux cartes-congrès ;

Deux lettres de M. le Ministre de l'Instruction Publique félicitant de l'idée du Congrès, déclarant s'y intéresser, mais déclinant délégation officielle à l'exemple de la plupart des Chancelleries étrangères ;

De la Chancellerie de l'Etat de Portugal déléguant au Congrès d'Aix son consul général à Marseille Don Luis Martins Pereira de Menezes ;

De ce dernier demandant instructions ;

Du consul des Pays-Bas ;

De l'ambassadeur de la République Française en Espagne ;

Du consul général de l'Autriche-Hongrie ;

Du consulat Suisse agissant au nom de M. Ruffy, conseiller fédéral et énumérant les principales sociétés Helvétiques s'occupant d'agriculture et d'ornithologie ;

Du consulat général d'Italie à Marseille, transmettant les remerciments du gouvernement Italien par l'organe de Son Excellence le Ministre de l'Agriculture, de l'Industrie et du Commerce, et demandant l'envoi des actes du Congrès ainsi que les procès-verbaux des séances et le compte rendu des délibérations ;

De M. de Münster, ambassadeur d'Allemagne, regrettant de ne pouvoir envoyer délégué officiel, et indiquant deux grandes sociétés allemandes ;

Diverses du *Board of Agricultur England*, transmettant *Acts and orders* afférents à la chasse, félicitant chaleureusement pour l'idée du Congrès et énumérant les principales sociétés anglaises s'occupant de la question ;

Du consulat général de Russie pour les ports français de la Méditerranée déclinant envoi de délégué officiel Russe ;

Idem, du gouvernement Néerlandais ;

Deux lettres de M. le Directeur Général du P.-L.-M. s'excusant et envoyant vingt-six permis demi-tarif, pour Congressistes ;

Du baron d'Hamonville, conseiller général à Manonville (Meurthe-et-Moselle), adhérent et envoyant gravures extraites de son atlas ornithologique ;

Du secrétaire de la *Royal Society for Prevention of Cruelty to animals*, de Londres, approuvant Congrès et s'excusant ;

De la duchesse d'Uzès ;

Deux lettres de Mme Juliette Adam acceptant présidence d'honneur du bureau provisoire du Congrès et s'excusant ;

Du baron Znylen de Nyewelt retenu à Saint-Pétersbourg ;

De M. Edouard Denis, à Barneville-sur-Mer, adhérent, annonçant envoi d'ouvrages se rattachant à la protection des oiseaux ;

Du président de la *Geselschaft-Gartenbau*, de Vienne, déléguant M. Bergman ;

De M. Champimont, rédacteur au *Chasseur Illustré*, désirant faire de la publicité autour du Congrès ;

De la Société Turinoise Protectrice des Animaux chargeant de la représenter, M. Uhrich, président de la S. P. A., membre honoraire ;

Du docteur Oustalet, président du Comité Ornithologique International, adhérent au Congrès, mais retenu par occupations et indiquant l'éventualité d'un grand Congrès ornithologique international à Paris pendant l'Exposition Universelle de 1900 ;

Du docteur Ferf, de S'Gravenhage (Hollande), secrétaire du *Nederslandsch Landbouw,* comité relatant adhésion ;

De M. Duclos, commissaire aux délégations judiciaires à Marseille, envoyant arrêtés de police sur les délits de chasse ;

Du consul général de Turquie demandant communication des résolutions du Congrès pour le gouvernement Impérial ;

Carte postale de la *Waarenhous ;*

De la Société Nationale d'Horticulture de France annonçant que la présidence a délégué M. Bergman ;

Du docteur Landsteiner, en Moravie, adhérent au Congrès et s'excusant ;

Du *Landbruggs-Ministeriet ;*

De M. Louis Sarrazin, de Béziers, annonçant conférence sur : « les Oiseaux et la Providence » et sur ce texte de l'Ecriture : « l'Ame des animaux ne va pas en bas » ;

De M. Pugin, président honoraire de la S. P. A. de Lyon, adhérent au Congrès ;

Diverses de M. Lamquet, délégué de la S. P. A. ;

Du consulat de Suède et Norwège indiquant noms de sociétés ;

Du Ministère Royal Hongrois d'Agriculture adressant le programme de la Société Centrale Ornithologique ;

Lettre datée du Château de Marchais, signée du colonel, premier aide-camp de S. A. Sérénissime le prince Albert de Monaco contenant adhésion et excuses ;

Du Ministère de l'Agriculture, Industrie et Commerce Italien, déclinant envoi des Annales de l'Agriculture ;

Du président de la Société pour la Protection des Animaux de Cassel contenant délégation Ohlsen ;

Idem, de la S. P. A. de Florence ;

Idem, de la Société Zoophile napolitaine ;

De la Chancellerie Belge envoyant anciens et nouveaux textes de loi sur la chasse en Belgique ;

De la *Deutsch-Verein-Zum-Schultze-der-Vogelwelt,* délégant le docteur Ohlsen ;

Idem, de la Société Zoophile de Bologne ;

Idem, de l'Association Zoophile Lombarde pour la Protection des Animaux ;

Idem, de la *Leipsiger-Thierechultze-Verein ;*

Idem, du *Comizio Agrario* de Rome ;

Idem, de la *Revista Agricola Romana ;*

Idem, du *Comizio Agrario Circondario di Torino ;*

De M. Gallois, directeur du *Courrier de la Presse,* 21, boulevard Montmartre, Paris.

II — BROCHURES — MÉMOIRES
PIÈCES A L'APPUI

1° Textes de lois, arrêtés de chasse, édits royaux, décrets fournis pour l'Europe entière par M. J.-B. Samat, rédacteur en chef du *Réveil Agricole ;*

2° Mémoire du docteur Charles Ohlsen, inscrit au rôle du Congrès ;

3° *Egli Uccelli e l'Agricultura,* Bologne, 1893 ;

4° *Memoria della Società Agraria di Bologna ;*

5° *Degli Uccelli ed Insetti, Bologna ;*

6° *La Nuova lega sulla Caccia,* Bologna ;

7° *Ancora una parola sulla lega per la Caccia :*

8° 255 articles de journaux français ou étrangers relatant en toutes langues le Congrès et préconisant l'idée ornithophile ;

9° Mémoire de M. L.-A. Levat sur « la situation générale et sur les moyens d'enrayer le mal » ;

10° *Idem,* de M. Hector Rey contenant analyse de certaines brochures adressées au Congrès ;

11° *Idem,* de M. Adrien Crémieu sur « la législation comparée en matière de chasse » ;

12° Lecture sur « l'Entomologie dans ses rapports avec l'Ornithophilie » par M. Raymond Régnier ;

(Ces quatre derniers auteurs congressistes membres de la L. O. F.)

13° Un très important mémoire de la *Società Torinese Proteftrice degli Animali*, contenant voies, moyens et vœux en vue de la conservation des insectivores ;

14° De la même, un mémoire discutant « les moyens de destruction des petits oiseaux » *(aviseptologie)*, ainsi que les mesures inhibitives ; très sérieux travail communiqué par M. Uhrich, président de la S. P. A. au bureau du Congrès ;

15° Statuts de la *Society for Protection of birds and Proceedings at the Annual Meeting* ;

16° Spécimen du « grand livre d'une Société protectrice des Animaux utiles » par M. Labeirie, inspecteur primaire, ouvrage publié sous les auspices de la S. P. A. avec spécimen de diplôme, livret de sociétaire et fonctionnement ; communiqué par M. Lamquet ;

17° Bulletin de la Société Nationale d'Acclimatation de France (février 1897) ;

18° Une poésie : « Respect aux Petits Oiseaux », signée : E. de Servizy, couronnée au concours poétique d'Avignon de 1874 et communiquée par M. Emile Grangier, membre de la L. O. F. ;

19° Extrait du « Bulletin de la Société Zoologique de France » (février 1895) ;

20° *Stattsblod van het Koningskrijk der Neerland ;*

21° Règlement d'économie rurale, Russie ;

22° « Moyens à employer pour obtenir chaque année une bonne récolte de pommes », brochure ; envoi de M. Edouard Denis, notaire à Barneville-sur-Mer (Manche) ;

23° « Notions sur les Oiseaux utiles et nuisibles », à l'usage des enfants, par M. Joseph Clarté, membre et lauréat de la Société Nationale d'Acclimatation à Baccarat (Meurthe-et-Moselle) ;

24° Mémoire ornithologique manuscrit de M. André Godard, (inscrit au rôle du Congrès) ;

25° *Kurze Erlauterung zu der ersten Wandtafel der wichtigksten deutsche Klein vogel ;*

26° *Erlauterung zu der zweiten Wandtafel ;*

27° « Lois sur la chasse en Danemark. » *(Lov zu Iagt) ;*

28° « La Protection des Oiseaux » par le docteur Oustalet. (Furne, éditeur, Paris) ;

29° Quinze numéros de *Il Mondo animale*. (Envoi de la Société Turinoise Protectrice des Animaux.)

30° « Utilité des Oiseaux pour l'Agriculture » par le baron Léonce Destremx de Saint-Christol :

31° Rapport imprimé de M. Denis, membre du Conseil Général de la Manche, sur la nécessité de créer des sociétés cantonales pour la protection des oiseaux utiles à l'agriculture et du gibier. (Envoi de l'auteur) ;

32° « Action vitale de la Lune » (brochure imprimée, présentée par M. Gallé de Fond) ;

33° Catalogue général d'horticulture, par le même ;

34° « Elevage des Oiseaux » par le même ;

35° « Epargnez les petits Oiseaux » (brochure imprimée, envoyée par M. Raymond Régnier, membre de la L. O. F.) ;

36° « Les Oiseaux utiles à l'Agriculture » (brochure imprimée, par le même);

37° « Les Oiseaux de Provence ». Enumération alphabétique. — Classification. — Description. (Brochure imprimée, par le même).

38° *Sixth annual rapport of Society for the protection of birds.* (Envoi de Mrs. Lemon) ;

39° Statuts de la société cantonale de Barneville-sur-Mer, pour la protection des oiseaux utiles à l'agriculture et du gibier :

40° Cahier de la proposition de loi sur la chasse adoptée par le Sénat, transmis à la Chambre des Députés au nom du Sénat par M. le Président du Sénat. (Envoi de M. Lamquet) ;

41° Projet de vœux. (Manuscrit envoyé par M. Raspail) ;

42° Cinq « Bulletins Mensuels de la Société Nationale d'Acclimation. (Envoi du baron de Guerne) ;

43° « Le Procès des Moineaux » aux Etats-Unis, par H. Brézol :

44° « Chasse des Oiseaux de passage » par M. Millet, rapporteur ;

45° Quatorze brochures de la « Revue des Sciences naturelles appliquées, » publiées par la Société Nationale d'Acclimatation. (Envoi du baron de Guerne) ;

46° Douze bulletins de la S. N. A. ;

47° Choix de gravures extraites de l'atlas de poche Ornithographique du baron d'Hamonville ;

48° *Lega per la Protezzione degli Uccelli ;*

49° *Il massacro degli Uccelli, Torino ;*

50° *Specimen della Carta sociale della Lega per la Protezzione degli Uccelli ;*

51° *Statuten des Osterreichsten Vundes der Vogelfreunde ;*

52° Deux documents émanés de la même société ;

53° *Ausweis der Vogelfreunde* (avec vignettes) ;

54° Documents émanés de la même association ;

55° *Petizione della Lega austriaca per la protezzione degli Uccelli ;*

56° Un Bulletin de la S. N. A. (mars 1897) ;

57° *Idem*, (avril 1897) ;

58° La destruction des oiseaux insectivores (lettre imprimée, à M. le Ministre de l'Intérieur ; signée : Xavier Raspail ;

59° Rapport sur le Congrès et l'Exposition Ornithologique de Vienne en 1884 (par le docteur Oustalet) ;

60° Rapport à Son Excellence le Ministre de l'Instruction Publique et des Beaux-Arts sur le Congrès Ornithologique International de Budapest, (par le même) ;

61° Mémoire de la Société Turinoise Protectrice des Animaux ;

62° Lettre sur la vente des cailles vivantes par M. Jean Robert, directeur du *Chasseur Pratique ;*

63° Texte traduit de la loi Suédoise ;

64° *Acts and orders (England) ;*

65° Loi Belge sur la chasse (envoi du Ministre de l'Agriculture à Bruxelles);

66° Lettre de M. le Maire d'Héricy (Seine-et-Marne) sur le défrichement impossibilisant la nidification ;

67° *Annali dell' Agricultura* (envoi du Ministre Italien de l'Agriculture, de l'Industrie et du Commerce ;

68° Quatre bulletins de la S. P. A. (juin 1894, février 1896, juillet 1897, août 1897, — l'un contenant une lettre du président Uhrich à M. le Ministre de l'Intérieur réclamant une protection plus efficace des petits oiseaux ;

69° Statuts de la Société Protectrice des Oiseaux de Jeufosse (Seine-et-Marne).

Les délégations et les adhésions furent sollicitées par lettres accompagnées d'une circulaire, indiquant l'objet et la date du Congrès, à toutes les chancelleries d'Europe, aux principales sociétés agricoles et ornithologiques de tous les états, enfin, aux personnalités françaises et étrangères s'occupant de la protection des petits oiseaux et les plus en relief. Cent cartes d'invitation furent lancées en bleu et en rouge avec caractères gothiques liserés d'or.

Les organes des Chancelleries, Ministères de l'Agriculture, directions des Domaines ou des Forêts, répondirent tous à l'exception de l'Espagne et de la Grèce : généralement une délégation officielle fut refusée, mais on déclara s'intéresser vivement à la question, on indiqua les principales sociétés protectrices des oiseaux, on réclama en termes pressants l'envoi des actes du Congrès et des résolutions prises.

Seul le Portugal se fit officiellement représenter avec lettre patente à l'appui par son consul général à Marseille.

L'Italie, les Pays-Bas, la Belgique, la Suède et la Norwège ont adressé des documents importants à savoir : Annales de l'Agriculture, Lois générales sur la Chasse, Règlementations de la Chasse des petits Oiseaux.

Ainsi qu'il a été vu par le répertoire des lettres reçues les principales associations européennes d'ores et déjà ralliées à l'idée ornithophile répondirent à l'appel de la L. O. F. et de son président organisateur du Congrès ; quelques-unes même se sont fait représenter par des célébrités ornithologiques.

Enfin, des adhésions individuelles parvinrent au chiffre approximatif de trente y compris les délégués officiels.

Ce sont :

M. Albert Uhrich, Chevalier de la Légion d'Honneur, président de la S. P. A. Paris, membre honoraire de la Société Turinoise Protectrice des Animaux ;

Le docteur Charles Ohlsen, de Rome ;

Le docteur Landsteiner, en Moravie ;

Mme Juliette Adam, directrice de la *Nouvelle Revue* ;

La duchesse douairière d'Uzès ;

La baronne de Pages ;

Le baron d'Hamonville ;

Le baron de Guerne ;

Le sénateur Desmons ;

Le sénateur Leydet ;

Le baron Ferf (Pays-Bas) ;

M. Etienne Turrel, à Fénestrelle (B.-du-R.) ;

M. Roux, à Sénas (B.-du-R.) ;

Le baron Léonce Destremx de Saint-Christol ;

M. Pugin, président de la S. P. A. de Lyon ;

M. Achile Railhe, greffier à Saint-Chapte (Gard) ;

Don Luis Martins Pereira de Menezes ;

Mrs. Lemon, à Redhill, près Londres ;

M. Ernest Bergman, au Raincy (Seine) ;

M. André Godard, à Tigné (Maine-et-Loire) ;

Le docteur Labadie Lagrave ;

M. de Montcove ;

M. de Montillot ;

M. Lamquet, secrétaire perpétuel de la S. P. A. de Paris ;

M. Albert Duval de la Société des Agriculteurs de France ;

M. Claude Brun, directeur du *Réveil Agricole* ;

M. J.-B. Samat, rédacteur en chef du *Réveil Agricole* ;

Le docteur Onstalet, professeur au Museum ;

M. Noblemaire, directeur général du P. L. M. ;

Madame Barbier Lancey, membre de la S. P. A. à Aix-les-Bains ;

Inutile de dire que le Bureau de la L. O. F. agissant au nom de tous les membres de cette association subventionnée par le ministère de l'Agriculture ; approuva et contresigna les programmes et autres pièces élaborées par le prési-

dent, et il va de soi que tous les membres de la L. O. F. peuvent être consi-
dérés comme adhérents au Congrès et y ayant voix délibérative.

Un bureau d'honneur fut élu avec Mme Juliette Adam comme présidente accep-
tante, MM. Albert Uhrich et Emile Vieil comme vice-présidents, M. Raymond
Régnier comme secrétaire général, M. Hector Rey comme secrétaire adjoint.

Un programme révisable fut dressé, signé de M. Louis-Adrien Levat, président de la L. O. F., organisateur du Congrès, contresigné par le bureau d'honneur du Congrès. Ce programme divisé en 15 paragraphes indiquait en termes
clairs et précis : l'objectif du Congrès d'Aix ; l'exclusion de toute politique ; la
désignation des travaux ; la répartition des commissions en sections. Révisable,
avons-nous dit, car il était soumis de droit, dans le fond et dans la forme, aux
modifications imposées par le bureau effectif du Congrès, après la constitution de
ce dernier par le vote des congressistes adhérents et présents.

Hâtons-nous d'ajouter, pour terminer ces préliminaires, que l'appui le plus
sérieux a été prêté par les autorités locales, tant au point de vue des mesures
d'ordre que de la décoration des avenues et des locaux affectés, enfin que M. le
docteur Bertrand, maire de la ville d'Aix, mettait gracieusement à la disposition
des bureaux du Congrès la grande salle Louis XIV de l'Hôtel de Ville, dite des
Etats du Parlement, la salle dite des *mariages* du rez-de-chaussée, si remarquable par ses voûtes d'arêtes historiées du plus pur style gothique-ogival, enfin
la salle des commissions académiques.

SESSION

DU

Congrès Ornithologique International

Tenu à Aix-en-Provence

EN NOVEMBRE 1897

Sous les auspices de la L. O. F.

Séance du Mardi 9 Novembre, à 10 heures du matin

Le mardi 9 novembre, à 10 heures du matin, après convocation suprême de tous les congressistes étrangers adhérents et de tous les membres de la L. O. F. congressistes de droit, M. Louis-Adrien Levat, ancien élève de l'Ecole Polytechnique, professeur de sciences physiques à l'Ecole Nationale d'Arts et Métiers, président de la L. O. F., délégué par le bureau de cette association à l'organisation du Congrès, ouvrit solennellement la session, en la grande salle des Etats, ayant à sa droite M. Paul Carrière, conservateur des Forêts, délégué de l'Agriculture, à sa gauche M. Albert Uhrich, président de la S. P. A., vice-président d'honneur du Congrès, et M. Emile Vieil, vice-président d'honneur du Congrès. Etaient présents au bureau : MM. Aurélien Houchart et Louis Dufort, vice-présidents de la L. O. F. ; M. Raymond Régnier, secrétaire général d'honneur ; M. Roux, congressiste, nommé provisoirement secrétaire auxiliaire.

Etaient présents dans l'enceinte :

MM. Hector Rey, secrétaire-adjoint d'honneur, Adrien Crémieu, Auguste Bastard, baron Hippolyte Guillibert, Edouard Aude, conseiller Suzanne, membres de la L. O. F.

Les délégués et adhérents étrangers et français rangés autour des bureaux étaient : le docteur Charles Ohlsen, Mrs Lemon, Sir Frank, M. Lemon, M. Bergman, M. Lamquet, M. Albert Duval, M. Achille Reilhe.

La municipalité était représentée par M. Daigre, premier adjoint.

M. de Laroque, délégué du Préfet des Bouches-du-Rhône, avait pris place parmi les assistants au nombre desquels : M. le sénateur Leydet, M. Grassi, président de Chambre, M. Lion, conseiller honoraire, M. Maillet, conservateur des hypothèques, etc. ; enfin, une foule de dames parmi lesquelles Mme Albert Uhrich et les deux filles du président Levat.

Au banc de la presse, siégeaient : MM. Claude Brun, du *Réveil Agricole*, de Catelin, du *Soleil du Midi*, M. Pust, du *Petit Marseillais*.

M. Levat déclare la session ouverte et procède immédiatement avec l'aide des secrétaires à la vérification des délégations et pouvoirs, formalité qui s'accomplit sans difficulté vu la notoriété des personnages et les lettres patentes produites par chacun.

Nous ne reviendrons pas sur les délégations, ressortant très clairement et sans équivoque possible du catalogue des correspondances françaises et étrangères.

Alors M. Levat prend la parole et inaugure la session par un solennel discours. L'orateur plaide la cause des oiseaux insectivores au milieu d'un silence complet et sa dernière phrase soulève les applaudissements. « Il faut agir, dit-il, promptement et universellement si l'on ne veut pas qu'il advienne de cette faune ailée, utile et captivante ce qu'il advint de Carthage : *Etiam periere ruinæ ;* les ruines elles-mêmes en ont péri. »

M. Levat donne ensuite la parole à M. Uhrich, lequel dans une de ces habiles et charmantes improvisations, dont il a le secret, remercie et félicite les organisateurs du Congrès et M. Levat en particulier ; traite de patriotique et de sacrée la cause des petits oiseaux insectivores ; insiste sur la nécessité croissante d'une propagande internationale et d'une répression officielle du braconnage.

M. Levat remercie hautement son collègue M. Uhrich et accorde ensuite la parole à M. le sénateur Leydet, lequel présente quelques observations sur le rôle et l'attitude des conseils généraux de la région dont la majorité a été favorable, dit-il, à l'idée de protection, et conclut qu'il serait utile de prendre des mesures d'ensemble et internationales à l'encontre de la destruction.

L'incident étant clos. M. Levat accorde la parole à M. Albert Duval, lequel indique brièvement qu'il y a projet de loi à la Chambre et que ce projet n'est jamais passé à l'état de loi.

Ensuite le docteur Ohlsen remercie le président des paroles de bienvenue adressées au délégué de tant de sociétés, prononce un mot aimable à l'égard des dames présentes, ce dont M. Levat le remercie spirituellement, après quoi le docteur Ohlsen transmet au Congrès le salut cordial de ses mandants.

La parole est accordée à Mrs Lemon qui procède à la lecture d'une allocution vibrante et dans laquelle elle exprime avec émotion le désir qu'ont les sociétés de son pays de voir établir une protection internationale des oiseaux.

Personne ne demandant plus la parole, M. Levat déclare solennellement la session ouverte, et prie les personnes étrangères au Congrès de se retirer pour qu'il puisse être procédé régulièrement à l'élection du bureau définitif :

Sont nommés :

Président d'honneur : M. Uhrich ;

Président : M. Levat ;

Vice-Présidents : MM. Ohlsen et Duval ;

Secrétaire-Général : M. Raymond Régnier ;

Secrétaire-adjoint : M. Hector Rey ;

Secrétaire auxiliaire : M. Roux.

Le Congrès, sur la demande de M. Uhrich, vote des félicitations à la municipalité aixoise.

La séance est levée à 11 heures et demie et renvoyée à 2 heures après midi.

Séance du Mardi 9 Novembre, à 3 heures de l'après-midi

La séance est ouverte à 3 heures de l'après-midi, après une visite des congressistes à la Bibliothèque Méjanes, où M. Edouard Aude, conservateur, membre de la L. O. F., avait exposé en la salle Peiresc les spécimens les plus curieux d'ouvrages illustrés d'ornithographie et d'aviseptologie.

Etaient présents :

MM. Levat, Carrière, Uhrich, Régnier, Vieil, Rey, Reilhe, Ohlsen, Duval, Suzanne, Bergman, Mrs Lemon, M. Lemon, Mme Uhrich, M. Roux.

On procède immédiatement à la répartition des Commissions en trois sections.

PREMIÈRE SECTION

Législation comparée :

Sont élus : MM. Albert Duval, Crémieu, Suzanne, Lemon. — Président, M. Suzanne.

DEUXIÈME SECTION

Examen des Ouvrages :

MM. Levat, Emile Vieil, Carrière, Houchart, Rey. — Président, M. Carrière.

TROISIÈME SECTION

Propagande :

MM. Uhrich, Lamquet, Bastard, Bergman, Ohlsen, Mme Lemon. — Présidente, Mme Lemon.

M. Levat prie les présidents des sections de vouloir bien organiser leurs travaux et, sur la demande du docteur Ohlsen, la lecture de son mémoire, vu son importance, est renvoyée à la séance du mercredi matin.

Le Président donne communication des mémoires inscrits au rôle du Congrès à savoir :

Un mémoire de M. Hector Rey sur l'analyse d'un certain nombre d'ouvrages parvenus au bureau du Congrès ; de M. L.-A. Levat sur la situation générale ; de M. Adrien Crémieu sur la législation comparée ; de M. Raymond Régnier sur l'entomologie dans ses rapports avec l'ornithophilie ; deux mémoires en double expédiés, de la Société Turinoise Protectrice des Animaux, l'un communiqué par M. Uhrich, mémoires très remarqués qui font le plus grand honneur au président et au représentant de cette Société, MM. Uhrich et docteur Ohlsen, suivis de vœux dont l'esprit se retrouve presque intégralement dans les vœux définitifs acceptés par ce Congrès ; enfin, un projet de vœu manuscrit de M. Xavier Raspail transmis, ainsi que les autres documents, à la section d'examen pour, de là, être communiqué aux autres sections, sur leur demande.

La parole est ensuite accordée à M. Hector Rey pour la lecture d'un travail, contenant l'analyse de neuf ouvrages, tous se rattachant de près ou de loin à l'idée ornithophile. Dans ce travail consciencieux le rapporteur adresse un salut au président Uhrich comme membre de la S. P. A., et il conclut : à interdire le port sur les chapeaux des dames des oiseaux empaillés ; à stimuler le zèle des agents de l'autorité pour la repression des délits de chasse ; à interdire la vente et le colportage des oiseaux non tués au fusil ; à défendre en tout temps et toute saison la chasse aux filets et même, dit l'orateur, « au risque de m'aliéner les sympathies de mes concitoyens, la chasse au poste avec ou sans appelants ».

La lecture de ce travail littérairement écrit vaut, à son auteur, les félicitations du Bureau.

M. Levat donne ensuite lecture de son mémoire où il expose les faits les plus probants de destruction et d'extinction des oiseaux insectivores. Il insiste sur l'idée de repeuplement et il conclut par des vœux très catégoriques mentionnant : recours au consommateur, et perquisitions chez les hôteliers.

Quelques-uns de ces vœux sont approuvés, quelques autres sont jugés trop sévères par l'Assemblée.

En l'absence de M. Adrien Crémieu, auteur d'un mémoire de législation comparée, M. Levat fait l'éloge de ce travail émanant d'un légiste très expert dans les questions internationales de chasse et le communique, séance tenante, à la première Section.

Le mémoire très intéressant de M. Régnier, lequel s'excuse d'être obligé de quitter la séance en raison de ses occupations au Tribunal de Commerce, mémoire contenant des détails très scientifiques d'entomologie comparée et des aperçus curieux sur les rapports des oiseaux et des insectes, est transmis immédiatement à la deuxième Section.

M. Bergman transmet à la deuxième Section son rapport d'horticulture de 1897.

M. Suzanne avant de quitter la séance pour ses occupations à la Cour d'Appel, propose de donner des primes aux instituteurs ayant inspiré à leurs élèves le respect des oiseaux utiles.

A ce moment le président Uhrich prend la parole et déclare avoir demandé à M. le Ministre de l'Instruction Publique des primes sous forme de médailles pour tous les instituteurs partisans avérés de l'idée ornithophile. Il insiste sur l'utilité des brigades de braconnage organisées dans la banlieue de Paris pour la répression des délits.

A la suite d'une discussion à laquelle prennent part : MM. Uhrich, Carrière, Bergman, lequel lit un vœu présenté par un de ses collègues de la Société Nationale d'Horticulture, M.Duval, M.Lamquet, qui préconise l'impression des listes des animaux nuisibles et des oiseaux utiles, et après des faits très précis articulés par MM. Uhrich et Duval, il est admis, en principe, que les agents de l'autorité, gendarmes, gardes-champêtres, etc., sont insuffisants, malgré leur zèle, à la répression de tous les délits de chasse quels qu'ils soient, et, à la suite d'un vœu très nettement formulé par M. Uhrich, il est convenu que l'on demandera aux instituteurs d'organiser des sociétés scolaires protectrices des animaux, et aux sociétés de chasseurs, ainsi qu'aux syndicats agricoles, d'organiser des ligues contre le braconnage.

Des observations très courtoises sur la difficulté d'embrigader les gardes-champêtres sont présentées par M. Carrière, délégué de l'Agriculture.

La séance est levée sans autres incidents à 5 heures et demie du soir.

Séance du Mercredi 10 Novembre, 10 heures et demie du matin

Etaient présents :

MM. Levat, Carrière, Uhrich, Lamquet, Houchart, Suzanne, Bergman, Duval, Bastard, Mme Uhrich, M. et Mlle Lemon.

M. Levat lit une carte de M. le Recteur de l'Académie d'Aix, s'excusant de n'avoir pu assister à la séance d'ouverture.

M. Levat annonce ensuite pour jeudi soir, 5 heures, la conférence de Mlle Lemon avec projections de cristalloïdes lumineux. La plus grande publicité, sur la demande des assistants, sera donnée à cette attraction.

A ce moment la parole est donnée à M. le docteur Ohlsen pour la lecture du mémoire qui suit et que nous publions *in extenso*.

Rapport de M. le docteur Ohlsen

La Question de la protection des Oiseaux

DANS LES DIFFÉRENTS ÉTATS DE L'EUROPE

ET MESURES POUR RÉGLER UNIFORMÉMENT LA CHASSE

Tenaci proposili virum
(HORACE.)

Dans ces années, si tristes pour l'agriculture, à la suite des invasions désastreuses de toute espèce de parasites et de cryptogames, on cherche toute sorte de remèdes pour arriver à leur destruction ; mais on ne pense que très peu ou pas du tout à la conservation des oiseaux qui représentent des phalanges bien aguerries d'ennemis des insectes ravageurs de nos plantes. Depuis nombre d'années les congrès et les associations agraires font des remontrances pour qu'on finisse avec cette irraisonnable guerre de destruction faite à notre monde ailé. Depuis longtemps écrivains et conférenciers tâchent de démontrer la sainte œuvre de ces précieux alliés de l'agriculture, le grand pouvoir qu'ils ont de détruire les œufs et les larves, mais la voix de protection n'est pas entendue, au moins dans la plupart des États de l'Europe.

Ainsi s'explique la raison d'être et l'importante mission de nos congrès ornithologiques qui, en facilitant la conquête de cette protection désirée, avertissent les différents gouvernements que le temps est venu de sortir de leur apathie à l'égard d'une semblable question, s'ils veulent que les champs redeviennent fertiles et que l'aisance et le bien-être des populations soient assurés. Qu'ils sortent donc de cette apathie qui a le seul effet d'encourager ceux qui croient devoir encore attendre une solution de la vieille question de l'utilité des oiseaux pour l'agriculture, comme si toute la riche moisson d'études, de recherches et d'observations précieuses qui ont donné sa physionomie et son caractère à l'ornithologie moderne, ne leur suffisait point.

Il est inutile de refaire le chemin déjà fait par les congrès ornithologiques surtout, pour atteindre au but désiré d'une protection efficace des oiseaux utiles, puisque c'est un chemin que la plupart d'entre nous a déjà parcouru, et cela point sans regret, surtout lorsque nous avons eu à constater combien les vœux émis par ces congrès ont été négligés et presque oubliés.

Ce souvenir, toutefois, nous encourage à être pratiques et efficaces dans nos conseils qui doivent être non seulement des avertissements de poids, mais aussi des indications pour les modes plus simples d'application de nos idées.

Il a été dit que pour assurer cette protection il suffirait d'une législation internationale conciliant les exigences opposées, particulières des différents pays.

Rien n'est plus vrai que cela.

Toutefois, malgré l'évidente utilité que présenterait une telle législation, il y a encore trop d'obstacles pour que les Etats puissent en venir à des mesures uniformes de protection.

Quelles sont donc les raisons qui quelquefois attirent aux gouvernements le reproche d'opiniâtreté et d'entêtement ?

La raison principale consiste dans les difficultés rencontrées par quelques-uns de ces Etats en voulant doter le pays d'une législation unique sur la chasse, conciliable avec les dispositions d'un caractère international qui sont réclamées dans l'intérêt des oiseaux utiles à l'agriculture.

Je puis affirmer que dans mon pays la démonstration de la nécessité d'une loi unique sur l'exercice de la chasse n'est plus à faire. Depuis longtemps cette loi est vivement désirée dans tout le royaume après l'expérience que nous avons faite des différentes dispositions actuellement en vigueur.

Mais personne ne peut se dissimuler qu'en cette matière la discussion n'est pas encore close sur les principes et que c'est une tâche bien difficile de trouver le juste milieu qui puisse harmoniser avec équité les différentes opinions inspirées souvent par le respect des habitudes et mœurs locales.

Et c'est pour cela que la loi nouvelle rencontre de si graves obstacles malgré les recherches et les études qui ont été faites et bien que les dispositions, actuellement en vigueur, ne réalisent pas en général les idées les plus justes dans cette matière au point de vue juridique et technique.

Il est vrai, cependant, que mon pays, pour rendre plus faciles les accords internationaux, a déjà pris pour norme la déclaration bien connue échangée entre les gouvernements d'Italie et d'Autriche-Hongrie, en novembre 1875. Mais tandis que les efforts des deux pays venaient d'assurer l'adhésion des autres Etats (parmi lesquels l'Allemagne fut le premier) une conférence internationale qui avait pour objet de jeter les bases des dispositions législatives communes en cette matière, fut convoquée, comme vous savez, à Paris.

Il était facile de prévoir qu'en présence de cette conférence la déclaration de 1875 ne devait rester plus tard qu'un simple document historique, sans autre utilité pratique que celle de rappeler une première et louable tentative qui, eu égard à sa date, méritait bien d'être appelée hardie.

Les résultats obtenus par cette conférence ont bien démontré que la prévision était juste ; et je pense que si l'Italie ne put point les adopter c'est parce qu'ils apportaient une révolution profonde dans les études qu'on faisait pour formuler une législation unique sur la chasse, études qui tendaient et tendent encore à la protection des oiseaux utiles à l'agriculture sous le triple point de vue de la *manière*, du *temps* et des *lieux* de la chasse, sans toutefois les désigner, comme on le proposait à ladite conférence.

Je n'ai point l'intention de discuter les raisons opposées qui causèrent ce dissentiment dans une conférence qui aurait dû jeter les bases d'un accord international.

Il n'y a point de doute pourtant, qu'une légère modification du projet de convention adopté à Paris aurait pu concilier les opinions opposées.

Au lieu d'être obligé d'adopter des listes d'oiseaux à protéger, on aurait laissé à chaque Etat la faculté de dresser une liste pour son propre compte, de sorte que ces listes auraient représenté tout simplement la table, l'inventaire, des oiseaux qui doivent être soumis à la protection, dans les manières, les temps et les lieux déterminés par les études sur lesquelles s'appuie le nouveau projet de loi sur la chasse, en Italie.

C'est un expédient, lequel, tandis qu'il montre une voie pratique de conciliation, justifie par lui seul la nécessité de favoriser en un temps non lointain une nouvelle réunion internationale du genre de celle de Paris.

Il est à considérer, en effet, que si les vœux et travaux des divers congrès son restés dans un complet abandon, ils ont néanmoins préparé le terrain pour des nouveaux accords en nous rapprochant toujours davantage du but dernier d'une convention commune.

En outre, si la Conférence de Paris ne put obtenir l'union intime des différents Etats en faveur de la protection réclamée, elle permit tout de même d'espérer qu'une autre réunion internationale semblable aurait acheminé la question dans la voie d'une solution prochaine. Convaincu de partager en cette question votre pensée, je soumets à votre approbation le vœu que cette réunion (qui, du reste aurait déjà dû être tenue à Paris, selon les précédents accords pris entre des Sociétés cynégétiques de France et quelques notabilités en matière d'ornithologie des autres Etats), ait lieu sans ultérieur délai, corollaire indispensable de la réunion de 1895, comme complément d'accords à peine esquissés.

Notre réunion actuelle a la tâche de montrer en quelles autres manières la protection du gibier en général doit être exercée, tout en renvoyant à la prochaine réunion internationale la résolution de la controverse, s'il convient de définir les espèces d'oiseaux à protéger ou bien s'il faut seulement énoncer une telle protection, laissant du reste à chaque Etat la faculté de choisir les moyens de la mettre en pratique.

Une législation internationale ne doit pas viser exclusivement, à mon avis, aux intérêts de l'agriculture, bien que ce soit son but principal ; elle doit aussi comprendre la tutelle des oiseaux voyageurs ou de passage, tutelle qui a déjà été reconnue nécessaire depuis bien longtemps.

Parmi ces oiseaux voyageurs il faut mentionner surtout la caille, dont la destruction insensée se pratique justement aux époques de la migration et surtout, je suis désolé de le dire, dans le Midi de l'Europe.

Le monde entier déplore cette extermination qui a lieu en de plus grandes proportions tout le long du littoral de la Méditerranée, en certains endroits plus qu'ailleurs lorsque ces oiseaux, fatigués comme ils le sont par le long voyage d'Afrique, y arrivent en troupes et tombent sur la grève et souvent aussi, quand ils doivent lutter contre les vents, dans la mer.

Dans la clameur des remontrances générales contre cette destruction en masse des cailles, des voix s'élevèrent pour soutenir que la caille était de propriété internationale et que par conséquent une intervention énergique des Etats était tout à fait urgente afin que ces oiseaux fussent compris parmi ceux qui sont à protéger et qu'il fallait en défendre la vente et le transit dans les territoires respectifs.

Il n'est point facile de consentir à ce que le transit des cailles soit défendu lorsqu'elles proviennent des lieux et des territoires étrangers, où la chasse est permise ; mais au point de vue de la protection d'une espèce si précieuse de gibier, il n'y a pas de doute qu'il faut en empêcher la chasse pendant les mois d'avril et de mai, comme ça se pratique actuellement dans plusieurs pays du Midi de l'Europe.

Il est bien vrai, pourtant, que la France, préoccupée de cette extermination, défendit pour un certain temps le transit des cailles vivantes à travers le territoire français pendant la période de la fermeture de la chasse. (Décision du Ministère des Affaires Intérieures de France, en daté du 12 février 1895), mais cette décision ne laissa aucune trace, puisque au commencement de l'année passée toute défense de transit fut levée. On reconnut en effet que ladite défense portait préjudice à des intérêts commerciaux si prépondérants et d'une telle importance qu'il était impossible de les négliger.

A mon avis il faut exercer une tutelle plus étendue exclusivement en prohibant toute introduction de l'important gibier dans le temps et dans les lieux où la chasse en est défendue ; et, pour ce qui regarde le transit, il faut le permettre, à la condition toutefois, de constater la provenance du gibier des lieux où la chasse en est permise (les territoires étrangers compris).

Des certificats de provenance à la frontière, munis de toutes les conditions aptes à mieux assurer la provenance du gibier: voilà ce qui pourrait être l'objet d'une disposition législative commune à tous les Etats.

Une autre espèce qui mérite d'être protégée de la même façon que les cailles, est l'hirondelle et surtout l'*hirundo rustica*. Elle se montre dans nos pays aux premiers jours d'avril, d'abord isolée, ensuite en troupes nombreuses, et, trouvant sa nutrition ordinaire en voletant par les champs. Le long des fleuves et des prairies, elle donne la chasse à un nombre considérable d'insectes ailés.

Elle compte donc parmi les oiseaux les plus voraces, et sa puissance destructive à l'avantage des campagnes, et souvent aussi de l'homme, est incontestée.

Une autre disposition d'un caractère international devrait avoir pour objet la tutelle des oiseaux de nid.

Presque toutes les dispositions en vigueur sur la chasse, visent expressément ou tacitement à sauver les oiseaux de nid de la capture et de la destruction. Pour ce qui en est de l'observance effective de ces dispositions, surtout pour ce qui regarde les espèces d'oiseaux mentionnées, on ne manque pas de pousser la vigilance très loin.

Mais comme elle ne peut arriver à empêcher tous les abus, les divers Etats feraient œuvre tout à fait méritoire en encourageant la formation des *ligues de protection* des oiseaux utiles à l'agriculture.

Cette institution répond non seulement aux visées des lois sur la chasse, mais elle tend aussi à substituer un sentiment très vif de respect à l'indifférence brutale, avec laquelle, surtout parmi la populace des campagnes on recherche les nids et les tendres couvées pour en faire massacre.

Il y a sans doute des sociétés de grand mérite qui s'occupent à répandre cette institution si importante ; mais personne ne peut nier la nécessité d'assurer une tutelle plus efficace aux oiseaux nicheurs.

On ferait bien en outre, à l'effet de mieux assurer cette tutelle, si on cherchait en dehors de la vigilance des Administrations publiques des divers Etats de se procurer aussi la coopération des Sociétés de chasseurs. Ces sociétés ou cercles, (dont il y a chez nous un nombre déjà considérable), poussés à exercer une action collective, en contribuant à l'observance rigoureuse des lois sur la chasse, trouveront bientôt le moyen de s'élever de l'humble condition de sociétés de plaisir à celle d'associations de propagande féconde et utile en matière cynégétique.

Du point de vue de la conservation des espèces, la chasse qu'on a coutume de faire pendant la période de la sécheresse à proximité des ruisseaux et des sources, et en général dans tous les lieux où les oiseaux, à cause du manque d'eau, accourent en certains temps de l'an pour s'abreuver, n'est pas moins désastreuse que la chasse aux oiseaux de nid.

C'est pourquoi une autre disposition, encore d'un caractère international, devrait tendre à la défense d'une chasse semblable. Toujours est-il que la tutelle du gibier pourra plus facilement s'obtenir par la voie de l'instruction du peuple que par celle des dispositions législatives.

Un enseignement capable d'insinuer et de répandre, surtout parmi les classes rurales, le sentiment de la conservation de ces pauvres petites bêtes, la conviction des dommages qui dérivent de leur cruelle destruction, devrait constituer un élément nécessaire de culture et d'éducation en tout pays.

Je pense par conséquent, que notre réunion appelée à une œuvre si bienfaisante, formulera aussi le vœu que, par initiative des différents Etats de l'Europe, soit introduit dans toutes les écoles primaires l'enseignement obligatoire de la biologie et des mœurs des oiseaux utiles, accompagné de notions sur leur protection.

Dans le cas, où ce vœu serait accueilli, comme il le mérite, avec bienveillance et empressement, il suffirait à lui seul pour faire reconnaître à notre réunion la plus grande utilité.

Il n'y a point de doute que, pour rendre plus facile cette protection par des dispositions uniformes dans tous les Etats, il serait nécessaire, en ce qui concerne plusieurs d'entre eux, de pourvoir avec sollicitude à l'unification de leurs dispositions en matière de chasse, non seulement pour qu'elles soient en harmonie avec les principes que nous avons exposés, mais aussi pour en rendre l'exécution plus rapide.

Car il n'est point superflu d'avertir, qu'une part des dispositions qui peuvent former l'objet d'une loi pour un Etat, dans la matière qui nous occupe, peut ne pas trouver d'application dans d'autres Etats, vu que leur raison d'être dépend des traditions, des coutumes et des habitudes qui changent d'un lieu à l'autre.

Mais malheureusement ces dispositions de nature intérieure, sont presque le *substratum*, je dirais même la base nécessaire des autres qui ont un caractère international.

C'est pourquoi cette législation intérieure est une nécessité pour chaque Etat malgré les difficultés qu'elle présente surtout sous certains points de vue.

Personne parmi vous n'ignore qu'une des questions les plus importantes, qui a formé la difficulté la plus grande de parvenir à une législation uniforme sur la chasse, a été et est toujours celle d'établir nettement les rapports qui doivent intercéder entre le droit de propriété et celui de chasse.

Ces rapports et leur étude sont une *vexata quæstio* en beaucoup de pays qui depuis quelques années s'occupent à s'assurer des dispositions législatives uniformes en la matière.

Si nous faisons un examen rapide des principes qui ont été proclamés relativement à ces rapports dans les différentes législations selon les temps, nous trouverons que le principe des lois romaines qui trouve son expression dans l'opinion que le gibier appartient à celui qui s'en est emparé, a subi des changements plus ou moins graves.

C'est pourquoi nous verrons qu'en certaines lois on exige l'autorisation explicite du propriétaire, et en d'autres sont établis des privilèges, quoique seulement entre certaines limites et sous certaines conditions ; et en d'autres encore on nie au propriétaire le droit de chasse sur son propre fonds, lorsque celui-ci n'atteint pas une extension déterminée.

Toutefois, à travers et malgré toutes ces modifications assez souvent conformes aux nécessités politiques, le principe de la loi romaine, presque universellement reçu dans notre droit positif, c'est à dire que le droit de chasse se fonde sur celui de l'*occupation*, d'après lequel on a *le droit de s'approprier et de s'emparer de tout ce qui n'est à personne,* apparaît toujours le plus vrai et le plus juste.

Mais, il faut le dire tout de suite, cette opinion sur le droit de chasse ne doit point se confondre avec l'opinion soutenue par quelques-uns, d'après laquelle la chasse pourrait s'exercer sur les terrains propres et à autrui, sans aucune limitation.

Nous croyons au contraire que le propriétaire du fonds ait bien le droit de le fermer à d'autres, lorsque le fonds même est clos avec des murs, des haies, etc.; ou quand il est destiné à une culture agraire quelconque, ou bien encore quand il est tenu comme terrain réservé pour la chasse, afin d'y nourrir du gibier.

Nous nions au propriétaire le droit de défendre l'accès à ses fonds, quand aucune des conditions énoncées ne se vérifie et quand il s'agit de terrains dépourvus de toute culti-vation.

Là, où l'abandon et la paresse sont à l'ordre du jour, au préjudice de l'agriculture locale et quelquefois de l'hygiène, personne ne saurait contester le libre exercice de la chasse.

Ceux qui portent à l'agriculture un intérêt vif et sincère voudront reconnaître tout à fait juste la solution que je propose de cette question si longuement débattue.

Je vous prie de me pardonner la digression, mais elle peut être justifiée parce que je ne pouvais pas passer sous silence ce qui constitue, comme je viens de le faire noter, l'obstacle le plus difficile à vaincre dans le champ de la législation cynégétique.

Ceux qui désirent que tant d'espèces d'oiseaux utiles soient conservées, et qui aiment l'agriculture nationale, devront, par conséquent, dans les différents pays, conseiller tous les moyens capables d'assurer la plus ample des tutelles, toutes les fois que l'occasion s'en présentera.

Je dirai ici entre autres choses que, pour atteindre à ce but, tout peut servir, jusqu'à l'abolition de la triste habitude qu'on a d'instituer pendant les expositions industrielles des prix spéciaux pour les objets qui nuisent ou servent à la destruction des oiseaux, exception faite naturellement, du fusil.

Et à ce propos je dois vous déclarer, que le Comité pour l'Exposition Nationale qui aura lieu à Turin en 1898, accueillit et adopta le premier, à la suite de mes remon-trances, cette résolution.

Il me reste à vous faire une dernière proposition qui me reconduit à l'argument des mesures à adopter dans un projet de législation commune à tous les Etats, au but bienfaisant de tutelle qui nous a réunis ici. Cette proposition concerne la création d'un Comité International qui devrait réunir, classer et répandre toutes les instructions tendant à régler la chasse et la protection des oiseaux dans les différents Etats.

En conclusion, Messieurs, je soumets à votre approbation les vœux suivants :

1° Qu'une nouvelle Conférence internationale du genre de celle de Paris soit réunie au plus tôt possible afin d'assurer les accords de tous les Etats dans un système de protection et de tutelle pour les oiseaux utiles ;

2° Qu'on comprenne parmi les dispositions de caractère international : (a) celle qui concerne la protection des oiseaux de nid ; (b) l'autre, prohibant la chasse aux oiseaux le long des cours d'eau pendant la période de la sécheresse ;

3° Qu'en proclamant la nécessité d'une législation internationale, on y comprenne des dispositions assurant, de la meilleure manière, la protection des oiseaux voyageurs ou de passage et surtout de la caille, de l'hirondelle (*hirundo rustica*) et de la grive ;

4° Qu'afin de rendre plus facile l'observance de ces dispositions, on trouve la manière de favoriser et encourager *les ligues de protection* et les sociétés et cercles de chasseurs ;

5° Que dans toutes les écoles primaires soit introduit l'enseignement obligatoire de la biologie et des mœurs des oiseaux utiles, ainsi que des notions relatives à leur protection ;

6° Qu'on abolisse la triste habitude d'instituer pendant les Expositions industrielles des prix spéciaux pour les objets, qui nuisent aux oiseaux, ou servent à leur destruction, exception faite du fusil ;

7° Qu'enfin soit créé un Comité International chargé d'avoir soin de tout ce qui se rattache au règlement de la chasse dans les divers Etats.

On sait que dans certaines provinces de la Chine la population excessivement agglomérée se nourrit uniquement des produits du sol qu'elle sait faire servir aux plus riches cultures agraires. Et l'on sait aussi que dans ces mêmes provinces il existe une foule innombrable d'oiseaux de toute espèce, qui sont l'objet du respect le plus religieux de la part de ces populations, précisément parce qu'elles pensent, avec beaucoup de raison, que la fertilité de leurs campagnes dépend de la présence de ces volatiles.

La Chine en enseigne donc une fois de plus à la prétentieuse Europe ; car une longue expérience lui a démontré qu'il y a plus d'avantage et d'utilité à laisser vivre ces précieux animaux, qu'à demander continuellement à la science les remèdes aux maux nombreux qui affligent l'agriculture, spécialement à cause des myriades d'insectes.

CHARLES OHLSEN, de Caprarola.

Le président remercie l'éminent docteur de ce travail aussi sagement conçu que brillamment formulé. Toutefois il se permet de lui reprocher un peu trop d'optimisme ressortant de cette phrase : « Toujours est-il que la tutelle du gibier pourra plus facilement s'obtenir par la voie de l'instruction du peuple que par celle des dispositions législatives ».

M. Levat soutient que sous toutes les latitudes la nature perverse de l'homme obligera toujours le législateur à sévir.

M. Bergman approuve sans réserve les idées de M. Levat.

M. Ohlsen reçoit des félicitations pour lesquelles il remercie l'assemblée et démontre l'insuffisance du gendarme italien pour réprimer le braconnage tellement en vogue dans la campagne de Rome que même les bergers se sont érigés, il y a bel âge, en braconniers.

L'orateur attend beaucoup des sociétés de chasseurs pour aider les agents de l'autorité.

M. Levat approuve pleinement les idées du docteur Ohlsen, mais il persiste à dire que la gendarmerie et la police devront toujours être invoquées.

M. Uhrich à qui la parole est accordée mentionne les services rendus dans la banlieue de Paris par des brigades contre le braconnage spécialement organisées ad hoc ; il prétend qu'on devrait en créer dans toute l'étendue du territoire.

M. Duval se rallie à cette motion, laquelle est adoptée en principe. M. Levat approuve, mais insiste à nouveau sur l'utilité des perquisitions à domicile.

Une discussion très courtoise d'ailleurs s'élève entre MM. Carrière et Duval à laquelle prennent part incidemment MM. Levat, Uhrich et Rey sur une organisation nouvelle des gardes-champêtres que d'après l'idée de M. Duval les communes affecteraient spécialement à la répression des délits de chasse avec un supplément de solde payé par elles. M. Carrière combat cette proposition soutenant que les gardes-champêtres peuvent toujours être requis par la gendarmerie.

M. Uhrich réunit ces diverses propositions sous forme d'un vœu très bien rédigé, approuvé à l'unanimité, et qui trouvera sa place dans le formulaire définitif.

M. Duval insiste à nouveau sur l'insuffisance des agents de l'autorité et sur la nécessité d'invoquer les sociétés de chasseurs à l'appui de la répression.

M. Ohlsen, qui est de cet avis, énumère les bizarres procédés de recel des braconniers italiens entre autres celui des laitiers et chevriers s'érigeant en receleurs et colporteurs du gibier.

L'ordre du jour étant épuisé la séance est levée à midi.

Séance du Mercredi 10 Novembre, à 3 heures du soir

Etaient présents :

MM. Levat, Uhrich, Carrière, les membres des sections, etc.

Cette séance consacrée spécialement au travail des sections a été peu incidentée. M. Levat transmet à la Commission d'examen de nouvelles brochures reçues au dernier courrier, la plupart émanant de la Société Nationale d'acclimatation. Lecture ensuite est donnée de trois télégrammes, l'un de M. Floret, préfet des Bouches-du-Rhône, retenu à Paris, et regrettant vivement de ne pouvoir assister au banquet du lendemain jeudi ; le second du Signor Rovansenda, président de l'Association antiphylloxérique piémontaise de Turin, laquelle envoie adhésion complète aux délibérations du Congrès, le troisième du baron de Guerne, secrétaire général de la Société Nationale d'Acclimatation et congressiste adhérent, déclinant possibilité de venir, mais adressant vœux sincères pour la réussite du Congrès et approuvant toutes mesures protectrices des oiseaux utiles.

Suit la lecture d'une lettre de Mgr l'Archevêque d'Aix manifestant à nouveau ses regrets.

A ce moment M. Levat accompagné du secrétaire auxiliaire M. Roux quitte la salle pour aller essayer l'appareil projecteur pour la conférence Lemon, appareil mis gracieusement à la disposition du Congrès par M. Amphoux, professeur de dessin à l'Ecole Nationale d'Arts et Métiers d'Aix et auteur du *Village Electrique*.

M. Uhrich prend alors le fauteuil de la présidence et dirige la séance qui se termine bientôt par une proposition de M. Guillibert, membre de la L. O. F., tendant à ce que les pigeons messagers soient admis dans la catégorie des oiseaux utiles. Bon accueil est réservé à cette motion et le président Uhrich lève la séance en ajournant aux deux séances du lendemain jeudi, les lectures des rapporteurs des sections, la discussion des vœux dans le fond et dans la forme, enfin leur adoption.

Séance du Jeudi 11 Novembre, à 9 heures et demie du matin

Etaient présents :

MM. Levat, Uhrich, Carrière, Bergman, Ohlson, Rey, M⁻ et M. Lemon, Raymond Régnier, Lamquet, Roux, Mᵐᵉ Uhrich, M. Duval, M. et Mᵐᵉ Godard.

La parole est donnée à M. Duval, rapporteur de la première section dite de *législation comparée*, lequel donne lecture d'un très remarquable rapport attestant les recherches les plus sérieuses d'un maximum de règlementation internationale concernant la chasse, la mise en vente, la vente et le colportage des petits oiseaux insectivores. Ce rapport est suivi de l'énoncé de vœux lesquels sont adoptés sans réserves, sauf légères ampliations avec ceux émanés de la section de propagande. M. Levat félicite vivement l'honorable rapporteur et fait prévoir la grande portée des travaux de cette section lesquels s'étaient prolongés la veille jusqu'à une heure très avancée de la nuit.

Il profite d'un moment de répit pour présenter à l'assemblée M. André Godard de Tigné (Maine-et-Loire) arrivé le matin avec Mᵐᵉ Godard.

La parole est enfin donnée à M. Lamquet, secrétaire délégué de la S. P. A. et rapporteur de la 3ᵉ section dite de *propagande*.

Fort habilement et dans un style empreint d'une véritable pitié pour les collaborateurs ailés de l'agriculture si impitoyablement massacrés, l'honorable rapporteur résume les moyens déjà proposés dans leur ensemble au cours des délibérations, et aux vœux qu'il formule, il ajoute un vœu déjà présenté par M. Levat sur l'encouragement officiel donné par tous les gouvernements au repeuplement préventif de l'extinction.

Diverses observations ayant trait seulement à la forme sont présentées par MM. Guillibert, Duval et Uhrich, lequel fait compléter un paragraphe.

Enfin, on lit rapidement l'analyse des ouvrages reçus au cours de la période du Congrès et M. Levat après avoir reçu de nouvelles félicitations de l'assemblée, après avoir lu une lettre de M. le Maire d'Aix déléguant au banquet en son lieu et place Mᵉ Compasieu, avocat, conseiller municipal, lève la séance et fixe la séance de lecture d'adoption des vœux, sur la motion du président Uhrich, à ce même jeudi, à 3 heures très précises de relevée.

Séance du Jeudi 11 Novembre, à 3 heures du soir

Étaient présents :

MM. Levat, Carrière, Uhrich, Ohlsen, Duval, Lamquet, M. et Mᵐ Lemon, MM. André Godard, Bergman, Bastard.

M. Hector Rey, siège au banc du secrétariat en l'absence de MM. Régnier et Roux, autorisés.

Au banc de la presse M. Grué, du *Mémorial,* membre de la L. O. F.

La parole est aussitôt accordée à M. Lamquet officiellement chargé de lire les vœux combinés émis par les sections de Législation comparée et de Propagande : Cette lecture s'accomplit dans le plus grand silence et les deux présidents Uhrich et Levat ouvrent immédiatement la discussion pour des modifications à apporter à ces vœux et pour l'adoption d'un texte définitif.

M. Godard demande qu'on ajoute l'interdiction de la capture des alouettes au moyen de collets, en temps de neige.

M. Levat remercie l'honorable rapporteur des deux commissions d'avoir mentionné l'idée de repeuplement, et M. Uhrich estimant que les vœux ayant été suffisamment élaborés et discutés et même adoptés en principe, prie M. Levat, président du Congrès, de mettre aux voix leur adoption définitive dans le fond et dans la forme.

Tous les vœux énoncés par M. Lamquet et contenant dans leur essence les résolutions du Congrès ornithologique international d'Aix sont adoptés et votés à l'unanimité.

Nous publions plus loin leur texte *in extenso.*

M. Uhrich offre généreusement de faire imprimer aux frais de la S. P. A. le texte des vœux, à 1.000 exemplaires, sans préjudice, bien entendu, de leur insertion dans la brochure plus explicite des actes du Congrès tirée à 250 exemplaires aux frais de la L. O. F.

Cette proposition acceptée avec reconnaissance soulève les applaudissements de l'assemblée, et vaut à son auteur de chaleureux remercîments de la part de M. Levat suivis des félicitations du docteur Ohlsen.

Après quoi M. Lamquet dépose sur le bureau le duplicata des vœux adoptés, et M. Levat le remercie hautement au nom de la L. O. F. du concours actif et dévoué qu'il a prêté pendant trois jours entiers aux travaux du Congrès organisé par elle. Suivent quelques vœux supplémentaires émis par MM. Godard et Lamquet à l'effet de faire connaître par la voie des journaux la liste de tous les oiseaux utiles à l'agriculture et même d'afficher sur les murs des écoles ces mêmes listes illustrées.

La parole est ensuite accordée à M. Bergman lequel vote des remercîments au président Levat au nom des trois sociétés qu'il représente.

M. Levat remercie et adresse des félicitations à M. Auguste Bastard, jardinier en chef de la ville d'Aix, membre de la L. O. F. pour son assiduité à toutes les séances du Congrès. M. Levat fait alors voter des félicitations au président Uhrich et à M. le docteur Ohlsen qui ont mérité en tous points la reconnaissance du Congrès par leur rôle important et utile dans ses délibérations.

M. Levat met alors aux voix la clôture de la session officielle du Congrès ornithologique international ouvert à Aix-en-Provence, le mardi 9 novembre 1897, sous les auspices de la L. O. F.

Après vote et adoption unanime de la motion du président, la clôture est prononcée.

Conférence Lemon

BANQUET

Le même jour, à 5 heures du soir, aussitôt après la clôture de la session, M. Levat présentait à un auditoire d'élite réuni en la salle gothique de l'hôtel de ville, dite *salle des mariages*, Mme Lemon, et annonçait sa conférence accompagnée de la projection lumineuse de ses cristalloïdes.

Avec une simplicité touchante l'éminente ornithophile a fait défiler sous les regards de l'assistance les images agrandies et multicolores des oiseaux les plus insectivores et même les plus exotiques.

Le succès de la conférencière a dépassé les prévisions. Elle a su réunir l'élite du Tout-Aix et pas une dame de la ville n'a manqué à l'appel.

Enfin, à 8 heures du soir, un dîner intime de 27 couverts réunissait dans le grand salon de l'hôtel Sextius les congressistes étrangers déjà officiellement invités ainsi que les membres fondateurs les plus actifs de la L. O. F.

Mmes Lemon, Uhrich, Régnier, Godard ; Mlles Madeleine et Esther Levat, étaient présentes à ces agapes toutes confraternelles de la zoophilie et de l'ornithophilie, et où n'a cessé de régner une cordialité charmante et du meilleur aloi.

Au champagne, M. Uhrich se lève et prononce les paroles suivantes d'une voix vibrante et émue :

MESDAMES, MESSIEURS,

Je n'ai pas encore eu l'occasion de remercier les membres du Congrès, du titre de Président d'Honneur qu'ils ont daigné me décerner. J'apprécie hautement cette distinction flatteuse; permettez-moi de vous exprimer ici toute ma gratitude.

Car je ne suis qu'un homme de bonne volonté et il devient de plus en plus rare aujourd'hui de les voir récompenser d'une façon aussi précieuse.

La société que je représente ne travaille que pour le respect de la dignité humaine et de la civilisation française ; elle ne recherche que la sauvegarde des intérêts moraux et matériels de l'homme. Et je pense que vous avez voulu souligner ce désintéressement, en

accordant à son président, une aussi haute marque d'estime et de sympathie. Votre caractère s'en trouve ainsi lui-même honoré.

C'est donc en qualité de Président d'Honneur du Congrès Ornithologique International d'Aix-en-Provence, que je prends le premier la parole en cette amicale réunion.

J'ai le devoir en effet, de saluer le sympathique représentant du Ministre de l'Agriculture, Monsieur Carrière, conservateur des Forêts à Aix ; d'exprimer les remerciements
du Congrès, au savant aussi remarquable que modeste, à notre cher Président, Monsieur
Louis-Adrien Levat, à la Ligue Ornithophile Française, qu'il préside avec l'esprit si net, si
prompt, si ouvert, qui le caractérise, à tous ces hommes éclairés et dévoués qui ont
organisé ce Congrès, au centre même de la région dévastée.

Eux aussi reçoivent déjà leur récompense. La question que nous avons étudiée l'a été
avant nous ; elle est bien connue, car elle est urgente. Eh bien ! le Congrès d'Aix, s'en
référant aux travaux antérieurs, a trouvé non pas des formules nouvelles, mais des idées
neuves, des mesures simples, pratiques, qui, sans grever beaucoup l'Etat, permettront de
propager davantage la nécessité de protéger contre les destructions en masse, nos petits
défenseurs ailés et zélés, et de mieux assurer cette protection.

Nos vœux, je n'en doute pas, seront donc lus et retenus par les Ministres de la République, et nous pouvons espérer que les Puissances étrangères les accueilleront avec une
égale bienveillance.

Le gouvernement français doit nous conduire, nous diriger, en bon père de famille,
soucieux de notre santé intellectuelle et physique et de nos intérêts généraux.

Vous avez accompli, Messieurs, le plus pur devoir de tout citoyen respectueux de l'ordre établi, en vous efforçant de dégager, de réveiller son initiative endormie.

Je dois aussi remercier chaleureusement, au nom du Congrès, Monsieur Edouard
Aude, le jeune et érudit conservateur de la si riche bibliothèque d'Aix-en-Provence. Il
nous a permis d'admirer quelques-uns de ses plus précieux joyaux, et il a mis à notre
disposition, avec la plus entière bonne grâce, tous les ouvrages et documents qu'elle
possède sur l'ornithologie.

Jamais non plus, nous ne pourrons oublier l'hospitalité vraiment princière que nous a
donnée dans son palais, la Municipalité d'Aix, la ville lettrée si intéressante à tous égards.

Mesdames, Messieurs, je bois à la Municipalité, à notre distingué et cher Président
Monsieur L.-A. Levat, à la Ligue Ornithophile Française, à tous les organisateurs du
Congrès d'Aix-en-Provence !

A. UHRICH.

11 novembre 1897.

M. Levat, ayant à sa droite Mrs Lemon et à sa gauche Mme Uhrich, prend la parole et remercie vivement son ami le président Uhrich des vœux excellents qu'il vient de formuler; il évoque le souvenir de Mme Uhrich la compagne dévouée du président de la S. P. A. et qui a voulu le suivre à Aix pendant les travaux du Congrès.

L'orateur rappelle le concours prêté à l'œuvre par M. Noblemaire, directeur général du P. L. M. ; il souhaite à Mrs Lemon d'emporter en sa brumeuse Angleterre quelques lambeaux de ce soleil si cher à Lord Byron et à Schelley ses compatriotes de poétique mémoire, enfin le président du Congrès lève son verre et porte la santé de tous les congressistes étrangers.

En une brève allocution M. Paul Carrière, délégué ministériel, souligne l'importance des travaux du Congrès d'Aix, rappelle la peine que M. Levat s'est donnée, et propose un toast à l'honneur de M. Méline, ministre de l'Agriculture, président du Conseil.

M. Compasieu, délégué municipal, félicite les congressistes de leurs généreux efforts en faveur des petits oiseaux.

Au milieu du choc des verres M. Bergman, en une chaude improvisation, boit à la santé de tous les membres de la L. O. F.

Le docteur Ohlsen se lève à ce moment, et dans ce style coloré emprunté aux *quattrocenti*, il érige sa coupe à la santé des dames qui ont honoré de leur présence le Congrès d'Aix : « Que le souvenir de ce Congrès, ajoute-t-il, soit comme le laurier de Virgile : *Vivat, et crescat, et floreat* ».

Le savant docteur remercie d'une voix émue tous les membres de la L. O. F., pour l'accueil sympathique et cordial qu'il a reçu auprès d'eux.

M. Lemon, d'une voix émue, remercie la L. O. F. du gracieux accueil qui lui a été réservé, à lui et à Mrs Lemon. Il boit à la conservation des oiseaux.

Enfin, le baron Hippolyte Guillibert, membre de la L. O. F., réservait aux convives une de ces surprises qui lui sont habituelles. Après avoir fait l'éloge du docteur Ohlsen, une des lumières de l'Italie moderne, l'orateur souhaite l'entente définitive des deux sœurs latines l'Italie et la France.

Et alors il lit un triolet tout à l'honneur des petits oiseaux, et avec la maîtrise d'un familier des cours d'amour et d'un adepte du « *gay-sçavoir* ».

Signalons une charmante idée due à M. Emile Grangier, bien appropriée à la circonstance. Au milieu de la table se dressait un arbre surchargé de nids d'oiseaux où la mère donnait la becquée aux oisillons avec un ruban attaché à la tige portant cette inscription : *Merci, bonheur, à qui nous protège*. Nous devons ajouter que les nids ont été non pas saccagés, mais très délicatement enlevés à leurs rameaux par les dames qui les garderont pieusement en souvenir de cette fête inoubliable de l'Ornithophilie.

La poésie de M. E. de Servizy intitulée : *Respect aux petits Oiseaux*, et portant le numéro 18 au catalogue des ouvrages et manuscrits envoyés, a été lue par un ami de l'auteur, au cours de la soirée intime qui a suivi le banquet, et nous pouvons ajouter que les vers touchants et empreints du plus pur idéalisme de cet ami des petits oiseaux ont charmé les auditeurs.

NOTA. — Le vendredi matin, 12 novembre, les bureaux du Congrès sont restés ouverts jusqu'à midi pour y faire le dépouillement de quelques ouvrages et correspondances renvoyés à une session ultérieure.

M. de Laroque vient prendre congé définitif de la présidence s'excusant qu'un deuil de famille l'ait appelé ailleurs pendant les deux derniers jours du Congrès.

M. Uhrich, président de la S. P. A., est saisi d'une demande d'admission à la Société Protectrice des Animaux par M. Raymond Régnier, secrétaire général du Congrès.

A midi précis le Congrès fermait définitivement ses bureaux et, on l'après-midi de ce dernier jour, comme pour remplir le dernier article du programme, M. et Mme Uhrich allaient excursionner au gigantesque aqueduc de Roquefavour accompagnés par MM. Louis-Adrien Levat et Hector Rey.

A l'issue du Congrès le président Levat a été nommé membre honoraire de la Société Protectrice des Animaux de Paris, appliquant la loi Grammont, et membre d'honneur de la Société Protectrice des Oiseaux de Goteborg (Norwège).

Avant son départ pour Rome le docteur Ohlsen recevait des mains du président du Congrès, un diplôme d'honneur, avec première mention au nom du Bureau de la L. O. F.

Texte définitif des vœux du Congrès

Le Congrès International Ornithologique d'Aix-en-Provence.
Émet les vœux suivants :

I. — Que le projet de loi voté par le Sénat soit, dans le plus bref délai, soumis aux Chambres, en tenant compte des principes résumés dans les articles suivants :

ARTICLE PREMIER

Sont formellement interdits, en dehors des habitations et clos y attenant, sans aucune distinction d'oiseaux de passage ou autres :

La capture et la destruction des petits oiseaux par quelque moyen que ce soit autre que le fusil.

La recherche, l'enlèvement, la capture ou la destruction de leurs nids, œufs et couvées.

Sauf la faculté, pour le propriétaire ou les ayants droit, de recueillir, pour les faire couver, les œufs mis à découvert par le fauchage des prairies naturelles ou artificielles, faisant partie de son domaine.

ARTICLE II

L'ouverture et la clôture de la chasse seront déterminées, pour chaque zone de la France et de l'Algérie, par arrêté du ministre compétent. La liste des oiseaux nuisibles sera dressée par un règlement d'administration publique et ne pourra, en aucun cas, être modifiée que par un règlement semblable.

ARTICLE III

En aucun cas, il ne sera permis de chasser les oiseaux quels qu'ils soient, sauf ceux déclarés nuisibles, lorsque la terre sera couverte de neige.

ARTICLE IV

En temps prohibé et en temps de neige sont interdits : le colportage, la mise en vente, l'achat, le recel et le transit de tous oiseaux non nuisibles, même tués au fusil, ainsi que de leurs œufs ou couvées.

II. — Qu'il soit procédé, en même temps qu'à l'étude de nouvelles lois rurales, à celle d'une nouvelle organisation de la police rurale sur les bases suivantes :

1° Nomination des gardes-champêtres par l'autorité préfectorale ;

2° Exclusion, pour cette fonction et pour chaque commune, des habitants de la localité ;

3° Embrigadement des gardes-champêtres, qui tout en demeurant individuellement affectés à leur commune, pourront être requis par le chef de la gendarmerie du canton.

4° Faculté pour les officiers de police judiciaire de leur adresser directement leurs réquisitions.

5° Faculté de les réunir, au besoin, aux militaires des brigades pour service exceptionnel dans l'étendue du canton.

III. — Que le Gouvernement crée et multiplie les brigades dites *de braconnage* sur le territoire de la France, en autorisant, au besoin, les Sociétés de chasseurs ou autres à assurer leur solde, soit en partie, soit en totalité.

IV. — Que l'autorité compétente inscrive dans la liste des animaux nuisibles à détruire, en tout temps, dans toute l'étendue de la France et de l'Algérie les chiens errants, les chats sauvages et les écureuils.

V. — Qu'il soit adressé à tous les Gouvernements de l'Europe, par l'intermédiaire du Ministre des Affaires étrangères en France, une très courte et très substantielle note pour leur exposer les dangers que court l'Agriculture, si on ne s'oppose pas partout en Europe, et dans le plus bref délai possible, à la destruction toujours croissante des insectivores.

On indiquera dans cette note que l'opinion publique et la Presse signalent ce péril avec une insistance qui a sa signification. On ne craindra pas de représenter aux Gouvernements que c'est plutôt à eux qu'aux particuliers qu'incombe le devoir de veiller à la production et à la conservation des céréales alimentaires.

VI. — Que le Congrès ornithologique international d'Aix, au nom des Sociétés d'agriculture, d'horticulture, des Syndicats agricoles, des Sociétés de chasseurs, des Sociétés des amis des arbres, des Sociétés protectrices des animaux ou des oiseaux, des Sociétés colombophiles qui y sont représentées, demande au Ministre de l'Instruction publique en France, de transformer en avis ferme l'invitation faite déjà aux instituteurs d'organiser définitivement leur école en sociétés protectrices scolaires des animaux, et conservatrices des oiseaux.

Ce qui sera la consécration de la circulaire du Ministre de l'Instruction publique en France en date du 10 mars 1894. (Vœu de M. Uhrich, président de la S. P. A. de Paris, adopté par la Commission.)

Cette circulaire sera adressée ensuite à tous les autres Gouvernements de l'Europe.

En attendant les résultats de ce vœu :

VII. — Qu'il soit agi, dès ce moment, par tous les moyens de propagande utiles, et par l'intermédiaire de toutes les Sociétés intéressées au succès des doctrines du Congrès, sur les maîtres d'école pour leur démontrer l'utilité de la cause, les y gagner, les engager à faire, au moins deux fois par an, des conférences non seulement aux élèves mais aussi aux parents, sur les dangers auxquels les récoltes sont exposées par la disparition des oiseaux insectivores. Que l'on persuade à ces instituteurs que cette destruction amènera la ruine et la famine.

VIII. — Le Congrès Ornithologique d'Aix-en-Provence exprime aux Gouvernements contractuels le vœu de hâter l'examen des conventions à l'étude, afin d'aplanir les difficultés existantes et arriver à leur prompte ratification pour exécution.

IX. — Le Congrès émet le vœu qu'aucune récompense ne soit accordée à l'Exposition universelle de Paris, en 1900, à des engins de chasse, prohibés. Cette mesure a été prise en 1897 par les organisateurs de l'Exposition de Turin.

X. — Le Congrès émet enfin le vœu que tous les Gouvernements sans exception favorisent et même provoquent les essais de repeuplement à l'effet de prévenir l'extinction totale des espèces insectivores.

L'exécution des décisions qui précèdent est confiée à la Ligue Ornithophile française, siégeant à Aix (Bouches-du-Rhône), et à son Président fondateur, M. Levat.

Vu et certifié conforme :

Le Président du Congrès,
LOUIS-ADRIEN LEVAT.

Le Secrétaire Général,
H. RÉGNIER.

www.ingramcontent.com/pod-product-compliance
Lightning Source LLC
Chambersburg PA
CBHW071338200326
41520CB00013B/3019